CAFICT コーヒーと暮らす。

我的咖啡生活

[日] 久保田真梨子　著

沈芋含　译

机械工业出版社
CHINA MACHINE PRESS

目录

※在本书中介绍的器具和条目都是作者实际上在使用的物品。其中有些物品现在已经售罄，也请谅解。
※刊登的商品信息是2021年10月当下的情况。

序言

开始学冲泡咖啡，已经是将近十二三年前的事了。那个时候，我对黑咖啡之类有苦涩口感的东西，完全没有兴趣。

我和滴滤咖啡的邂逅也可以说是和"CHEMEX"的邂逅。将咖啡粉放在滤纸里然后注入热水，光这些对我就是很大的震撼。

虽然现在有很多咖啡店，但当时只有日式咖啡馆和星巴克这些。只冲泡过速溶咖啡的我，连滴滤是什么都不知道。那个时候我第一次看到用CHEMEX冲泡咖啡的模样，房间中弥漫的咖啡香味、冉冉升起的水蒸气以及咖啡滴落的样子，这些足以让我着迷了。也就是说，我最初喜欢上的不是咖啡，而是CHEMEX。仅仅只是为了使用它，我开始冲泡咖啡。开始使用之后，我慢慢变得想知道咖啡好喝的冲泡方法，于是去参加咖啡研讨会，在日常生活中探索滴滤的知识。

于是，我自然而然变得想要咖啡研磨机。现在可能很难想象，当时咖啡研磨机的种类和制造商并没有像现在这样丰富，甚至连"选择哪个咖啡研磨机好"这样的信息在网上也几乎没有。我当时很困惑，先试着买了个螺旋桨式波达姆咖啡研磨机。在使用的过程中，了解其优点和缺点；等到买下个咖啡研磨机时，就知道些好的地方和不好的地方。重复这样的操作，我慢慢变得对咖啡的器具了解起来。

　　那时候，突然想着是否还有像我这样困惑的人，于是开始写博客，也就是现在的"CAFICT"。那时我的博客能一直长久地写下去，很大的理由可能是女儿身体弱，我没法外出工作了。怀第二个女儿的时候，因为孕吐，我最先放弃的是咖啡。虽然养育小月龄的孩子很辛苦，但是现在想来这也是很有意义的。无论何时我都感谢我的女儿们，也感谢教会我用CHEMEX的丈夫。

　　觉得咖啡有很多知识的人应该很多吧。但是实际上，不同的咖啡豆，冲泡方法也不同，喝咖啡的人不同，觉得好喝的咖啡也不同。所以，如果自己觉得好喝，无论何种冲泡方法，无论使用什么道具和什么咖啡豆，那都是最好的咖啡。我有时候偷工减料，有时候凭着氛围冲泡，有时候又格外讲究地冲泡咖啡。当感觉到不好喝的时候，有时会调查下原因，有时会和店里的人讨论下。好不容易治愈的心情，如果"必须要那样做"的事情多了，那么治愈也好、快乐也好，都会减半。为此，自己觉得好，那就是最好的咖啡冲泡方法。普通到难以相信的冲泡方法，事实上可能泡出最好的咖啡。我的目标不是店里的咖啡，而是在家里自我享受的咖啡。如果自己觉得满足，那对自己来说已经是最好的咖啡了。一定要过上享受只为自己而做的好咖啡的生活。

第一章 *Chapter.1*
有咖啡的每一天

下雨的日子

下雨天总让人心神不定，明明没什么特别的事，但总感到有点不安。虽然不知道理由，但总是这样。因此，下雨天，比起开始点什么活动或者开始思考什么事情，更适合整理生活和心情。

　　早上开始只做了些日常的打扫，心情就稍微顺畅些，消除了不安。当没有外出打算时，我会打扫下日常打扫不到的地方，整理下照片数据。面对着电脑，着手做些平时想做又做不了的工作。单手拿着点心，一边喝着咖啡一边看看漫画和电影，大致思考着下一期YouTube的动画内容。

　　对于原本就喜欢独自边思考边做些工作的我来说，这是无比快乐的时刻。就这样不经意间，一天又过去了。

喝着牛奶浓郁的昂列咖啡，温暖了我的身体和心脾。

也让我一边感受着雨点的气味和声音，一边松了口气。

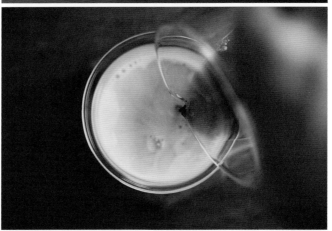

在那样的雨天我喝着温咖啡，肚子饱了，焦虑的情绪也缓和下来。在大号的马克杯里，注入大量的牛奶和咖啡做成昂列咖啡。在浅焙的咖啡中加入蜂蜜和柠檬，浓泡深焙的咖啡中加入少许牛奶和糖浆。一边用中意的马克杯喝着稍微有点甜味的咖啡，一边慢悠悠地做着事。因为有点甜味，所以完全冷了也很好喝。

虽说下雨天会感到不安，但我并不讨厌雨的气味和声音。反而因为喜欢雨的气味，会在想要转换下心情的时候打开窗户或者在阳台边上喝会儿咖啡。偶尔也会一边眺望着雨、感受着雨的气味，一边慢慢喝着好喝的温咖啡。

要是再有点甜食的话，将是平凡一天中最大的幸福。

开始做些事的日子

　　在心中暗下决定开始做些事的日子，身体状态好是必要条件。早上睡饱了起来，让头脑和身体都运动一下。如果再是个大晴天的话，那可能是最棒的了。

　　我平时是早起困难户，睡到最后一分钟起床，慌慌张张地准备女儿们的早饭，送她们去学校之后，好不容易喘口气冲杯咖啡。早上的话，滴滤咖啡喝得多一些。

把水烧沸腾，称好豆子用研磨机研磨。取出滤杯、咖啡壶和滤纸，组装好。虽然使用的滤杯因心情而有不同的选择，但一系列的操作每天都是相同的。虽然每天重复相同的事情，但咖啡的味道和香味总是有变化的。

大清早喝杯咖啡，是我的惯例。

咖啡的香味和口感可以让我精力充沛。

　　冲泡咖啡时，打开袋子的瞬间是我最喜欢的，因为咖啡的香味从袋子里飘散开来。研磨咖啡豆，香味会更加浓郁。倒入开水的话，就扑哧扑哧地放出热气来，咖啡的香味也随之飘散开来。倒点开水然后等一会儿，我重复着这样的操作，慢慢地，咖啡积聚到咖啡壶里。喝着这样冲泡出来的咖啡，心情和身体状态都不错，也有了某种干劲。

　　说要重新开始做点什么，可能有点夸张。但改变下模样，出去买些东西，或者去喜欢的咖啡店看看，试着做点新菜，当然工作上的事情也有很多可以做。虽不是很大的事情只是一点小事，但只要开始做起来，慢慢积累，一点点成长，会的事情和满足感都会增加。

忙碌的日子

忙碌的日子大概是指从早上开始就知道自己今天很忙。在脑海中挖掘必须做的事情，考虑着计划安排，并朝着计划做好准备。明明不是每件事都这样，但各种各样的时机重叠的话，会很忙。

比如，我经常出现的情况：早上忙忙碌碌地做完家务，趁着日光明亮拍摄视频到中午，拍摄委托的照片然后写报道。

　　下午2点有线上会议，因为会议快结束的时候女儿会回家来，所以做一些去补习班之前能吃的简餐。然后买了东西之后准备晚饭，吃完后清洗餐具。再确认女儿们的作业和应该做的事情是否完成，到了晚上就编辑视频。

　　像这样，脑海中必须要做的事很多的时候，和集中精力做某些工作的时候，因为思考的东西很多，所以就不怎么想吃东西了。又困又满足，累得直不起腰来。

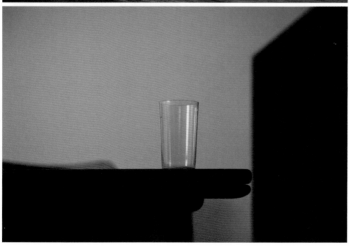

忙碌的日子，果然还是恋上了甜甜的咖啡。

它给疲惫的身体和心灵带来活力，治愈了我。

那样的日子里，早上和白天我都很能喝。经常喝些稍微能填饱肚子的东西。如果身体疲劳的话，喝些牛奶和豆乳很浓郁的甜咖啡。想起了以前的牛奶咖啡。我最喜欢像玉米片加入大量牛奶那样的有点甜的牛奶咖啡。

虽然不是刚洗完澡，大口喝着冷的牛奶咖啡，鼓足干劲说"加油"，就这样度过忙碌的一天。想让思考问题的头脑清醒些的话，可以喝黑咖啡。当结束了忙碌的一天想要放松一下的时候，我会喝啤酒。

天冷的日子

　　早上起来感觉有点冷，所以我家早晨的咖啡
从冰的换成了热的。比起炎热，我更不能忍受寒
冷，因为有寒症。但是夏天的话，蚊虫很多，也
容易晒伤。最近雷雨和暴雨很多，所以总觉得还
是更喜欢冬天些。

最近我觉得可能还有一个理由，因为本来就很喜欢冰咖啡，所以夏天喝冰咖啡比热咖啡多得多。天气有点冷了，一边说着"今天早上喝热咖啡吧"，一边把早上的咖啡换成热咖啡。这就意味着夏天已经结束了。这可能是我用咖啡感受季节最妙的瞬间，也是有点开心的瞬间。

随着热咖啡出场增多，秋天就到了。
在微微的清凉中，冒出的热气和咖啡的香味，
让我笑容绽放。

一说到咖啡就是热咖啡，天气变冷冲泡咖啡的时候，热气弥漫的瞬间是我最喜欢的景象。随着天气变冷，热气白乎乎地覆盖在滤杯上。每次把热水倒进滤杯里时，一边看着飘浮着的热气，一边慢慢地倒了很多次热水，把做成的咖啡装到喜欢的咖啡杯里。我喜欢拿在手上就能感受到咖啡温度的杯子。特别是天气变冷的日子，更能感受到咖啡的温暖。

　　虽然说最喜欢打开咖啡豆袋子的瞬间，但实际上我还有一个最喜欢的瞬间，那就是把做好的咖啡倒进杯子的时候。也许因为喜欢将好喝的咖啡倒入最喜欢的杯子里，也许是因为有一种终于能喝到口的心情。

在家悠闲的日子

在没有外出计划，试着思考在家悠闲度日时想做些什么的时候，我的回答只有一个，"想悠哉悠哉的"。虽然不久前还充满干劲地说"太浪费时间了""出门吧"，但最近好像完全改变了想法。

从早上开始只坐在沙发上什么都不想，看看手机、看看电视，吃喜欢的东西，这样度过一天。大概只有我觉得这些就是最大的幸福吧。

因为有女儿们，所以没有一天能完全悠哉地度过，这也是现实。最近的我，说是为了偷得点自由而工作也不为过。那样的日子里，咖啡时间当然是悠闲自在的。

时间的充裕能带来心灵的从容。要珍惜悠闲生活有咖啡的时光。

因为是时间很充裕的一天，所以用喜欢的研磨机悠闲地磨着咖啡豆，被最喜欢的咖啡香味包围着，慢悠悠地用滤杯滴滤咖啡。

也许也能用手动冲泡浓缩咖啡。但无论哪种，都是有时间的时候才有的悠闲咖啡时光。果然很幸福。

说着想要悠闲的生活，吃的东西的话，一定要是喜欢的食物和觉得好吃的食物，即使是买回来的也可以。作为冲泡好的咖啡的配餐，即便不是很讲究的食物也很好吃。在烤面包片上放上喜欢的水果，浇上大量的枫糖浆。即便这样简单的烤面包，对于我来说也是最棒的咖啡配餐。悠闲在家中的日子，这是对自己的奖励。

什么也不想干的日子

我想谁都有什么都不想做的日子，只是"因为天气不好""只是不知为何"等理由因人而异吧。

对于我，感觉"单纯疲劳的时候""有什么担心的时候""陷入自我厌恶的时候"，都会变得不想干任何事情。这样的感觉让人筋疲力尽。

那种时候，会思考大家都是怎么度过的。

每个人的反应大概因人而异吧。丈夫的话，看起来会绞尽脑汁地思考和解决。我的话，肯定是逃避现实的方法。逃避到漫画和游戏中，哼着歌。总之，想要能从现实逃离的时间，直到时间过去、心情平静下来为止。

无论如何都没有干劲的时候就不要勉强。

然后，喝点最喜欢的咖啡获得些许干劲。

这种时候的咖啡，请喝极致简单的那种。我喝得最多的是挂耳咖啡。因为打开咖啡袋子倒入热水，就做好了。只要能有烧水的工夫，就能喝到美味的咖啡。我经常在咖啡店买咖啡豆的时候，会顺带买一两个挂耳咖啡。包装也很可爱，比起速溶咖啡要好喝得多，而且很方便携带。虽然整个过程只能听到倒热水的声音，但打开袋子时咖啡的香味实在是很治愈我。

　　虽然是因为简单而选择挂耳咖啡，但一直的陪伴可能还是因为对蒸咖啡粉和无数次热水冲泡这样的日常冲泡咖啡的行为感到放心和治愈吧。而且喜欢的咖啡店的挂耳咖啡也很好喝，又治愈。这样做能稍微找回一些干劲来。

特别的日子

说到特别的日子，会联想到什么呢。生日、圣诞节、正月、纪念日，另外还有获得某项成功的日子。在这些日子里，我会想到生日。不是我的，而是家人的生日。

　　好吃的食物配上好吃的蛋糕，家人们笑容洋溢的日子，当然还有好喝的咖啡。在唱生日快乐之前，先准备好充足的咖啡。虽然不是我的生日，但我也会厚着脸皮买想喝的咖啡豆。顺便说一下，想吃的蛋糕每年都会变。

　　因为喜欢水果，所以可能买水果蛋糕的概率很高。如果是水果蛋糕的话，就配浅焙的咖啡；如果是巧克力蛋糕的话，就配深焙的咖啡。根据蛋糕的特点，纠结到底配哪里的咖啡豆好，这件事是我的乐趣之一。

开心快乐地聊天。

庆祝家人的生日，咖啡也很特别。

使用中意的咖啡器皿，也准备好了中意的杯子；一边被香味包围着，一边听着女儿们停不下来的聊天冲泡着咖啡。这种时候，女儿们也会自己选择可爱的杯子，只不过里面装的是牛奶。

　　咖啡的香味弥漫在整个房间，点上蜡烛，关上灯。总有一天，女儿们也会有家人，也会这样庆祝吧。这样自作主张地考虑着遥远未来的事，让我感到有些寂寞。这也是我无法离开孩子的证明吧。我每天都在为不被女儿说"妈妈，真烦人"而努力。

失落的日子

即使不是很大的原因，像平时那样总觉得能过去的事情却不知为何变得很在意了。虽然明明知道是很小的事情，但心情却很沉重。谁都有失落的日子，我偶尔也有这样的时候。

这种时候，我会把自己宠坏到底。这样的日子什么都不做是最好的。咖啡的话可以让别人泡，饭也希望有人做。一步也不想动，只想要悠闲自得的感觉。话虽如此，女儿们的饭还是要准备的，有工作的话也必须去对着电脑工作。此时，喝咖啡似乎有点麻烦。

心情沉重的时候，对自己对家人都可以撒娇到底。
咖啡和配餐都让我感觉很甜蜜。

失落时候的必需品是家里的小点心和甜甜的好像融化了似的拿铁咖啡。因为咖啡很甜，所以想搭配咸薯片。最会有罪恶感的这组搭配事实上是我最喜欢的东西。"只是失落的日子这样吃点应该可以吧"一边在心里这样确认着，一边喝着甜拿铁、吃着咸薯片，就感到稍微有点精神。肚子饱了，心也就被满足到了。

　　因为刚刚恢复了点精神，所以饭菜选择在外面买打包带回家，尽量将工作和家务都减少到最少，这能让我稍微轻松一些。再吃喜欢的东西、喝美味的咖啡，感觉身心都得到了放松。然后，第二天早上像往常一样泡咖啡，被咖啡香味治愈，内心又恢复了些。

第二章 *Chapter.2*
喜欢的器皿

用着非常喜欢的器皿歇一会儿

在休息的日子和短暂的疗愈时间里，用着喜欢的器皿歇会儿是我的乐趣之一。漂亮的玻璃杯、冲泡咖啡时最喜欢用的杯子、奖励自己时使用的器皿，光是看着这些东西，我就觉得很幸福。在这些杯杯罐罐中，玻璃杯特别多。冰咖啡就不用说了，喝碳酸饮品和酒时我也喜欢用玻璃杯。所以，经常使用的餐具自然会越来越多。

minä perhonen

独一无二的设计，一眼就喜欢上了。小到可以称为"小杯"的程度。总喜欢在碟子上放上一点点心，一边续上咖啡一边悠闲地度过。

ARABIA Myrtti 中古产品

对稍微清澈的蓝色一见钟情。最近，久违的咖啡杯和碟子让我心动了。和我经常使用的柚木桌子很搭，我非常喜欢。

COFFEE COUNTY

福冈的咖啡店COFFEE COUNTY与玻璃工作室STUDIO PREPA一起制作的玻璃咖啡杯。杯子的厚度是绝妙的，拿在手里能恰到好处地感受到咖啡的温度。

GUSTAVSBERG Spisa Ribb 中古产品

我之所以喜欢北欧餐具，是因为这些是由斯蒂格·林德伯格（Stig·Lindberg）设计的。Spisa.Ribb系列的颜色很协调，造型小巧玲珑。还有复刻版。

横山拓也

拿着有点粗糙的质感，和灰泥一样独特的氛围。平时可以用来装咖啡、日本茶、汤。拿在手上是刚刚好可以轻松握住的尺寸。

在跳蚤市场买的高脚杯

一见钟情购买的红酒杯。杯脚的部分意外地结实，有稳定感，使用起来很方便。喝冰咖啡的时候经常出场。

ARABIA Faenza 中古产品

法恩莎系列虽然外形相同，但从花纹样式到艳丽的颜色（如黄色）组合出各种各样的设计。我想要单一的百搭的中古品，所以选了这件。

RITOGLASS

这种杯子的薄度、颜色和形状都非常适合咖啡。我想咖啡杯子的话，虽然透明的不错，但我还是买了很多自己喜欢的颜色和形状的杯子，比如灰色和琥珀色的。每一件都很可爱，我很喜欢使用。

笹川健一红酒杯

这是能看到很多气泡画面的玻璃杯。被店里的人告知"加入碳酸的话会更加可爱"，尝试着加入看看，确实可爱到我。冲气泡美式咖啡等碳酸系咖啡时经常使用这种杯子。

伊塔拉蒂玛（亚麻/scope）

芬兰littala经典的teema系列是卡伊·弗兰克（Kaj Franck）让人百看不厌的设计，反正就是让人喜欢。将没有凹陷的碟子用作板子也是魅力所在。这个亚麻色是scope另外特别定制的。

Cores 木马

这是与以滤杯闻名的ORIGAMI合作生产的杯子。实际使用起来的尺寸比看着要大，当嘴触碰到杯子的时候香味能很好地到达鼻腔。这样的设计，可以尽情地享用咖啡。

平时经常使用的一些器皿。
虽然各自分开来使用，但都
很喜欢。

ARABIA Ruska 中古产品

根据物品的不同表情也不同的卢斯卡系列，素雅的色调给人一种稳重的感觉，光是放在这里就很有存在感。又厚又结实，使用方便，出场次数多。

BODA NOVA 中古产品
我喜欢玻璃制品，特别当
看到瑞典Boda Nova的餐
具时，就变得很想要。它
们的尺寸、形状、厚度等
正好是我喜欢的。

畠山雄介高脚杯
因为很轻也没有厚度，所以
看起来很轻松。用来喝冰咖
啡自不必说，也很适合用来
喝葡萄酒。因为喜欢玻璃制
品，所以这可能是我第一次
买陶瓷的高脚杯。

我收藏的器皿

若是自己喜欢的器皿，不管是拿在手里的时候，还是放在桌子上观望的时候，都有吸引人心的秘诀。

01

适合手拿的物品

选器皿时，虽然要考虑喝的总量，但我经常会选择比马克杯小些、可以直接拿在手里的类型。既能感受到咖啡的温度，拿在手里的时候又觉得刚好合适。因此，虽然需要不断重复从咖啡壶倒出来这样的操作，但是对于喜欢将咖啡从咖啡壶倒入杯子瞬间的我来说，这样的尺寸很合适。

02

旧物

我因为被斯蒂格·林德伯格的设计所吸引，开始喜欢上北欧的中古器皿。不仅是北欧的器皿，日本的器皿以及家具等喜欢的物品，我都会很珍惜地使用。将它们传承给其他人的方式也非常好。具有独特的味道或者带有历史感的物品，在使用时会让人很有感触。

03

玻璃制品

虽然喜欢器皿，但是环顾餐具架，总觉得玻璃制品的东西占多数。因为它们不仅看着很漂亮，还能清楚地看到里面饮品的样子。除了冰咖啡，它们也经常用来喝啤酒、碳酸等冷饮。

04

适合木质桌子的色调

对于桌子，我也喜欢用复古的。把杯子和碟子等放在桌上时，如果很搭配的话，我就会很欢喜。买餐具的时候，虽然我很重视尺寸感，但多数时候我是想象着放在家中桌子上的感觉来购买的。即使是色彩鲜艳的设计，也会自然地选择稍微柔和的色调的餐具。

05

带杯脚的玻璃杯

玻璃杯的话，我总是会选择带杯脚的那种。可能是因为小时候去好点的餐厅，看着父母用高脚杯喝东西的样子，很是憧憬。无论是又薄又有高级感的玻璃杯，还是日常使用的玻璃杯，当倒入饮品的时候，总觉得看上去就好喝，并且很可爱。所以，我总是不知不觉就盯上带杯脚的玻璃杯。

中意的咖啡用品

当冲泡咖啡的时候，对于使用的小工具，我也有自己的偏爱。要是把喜欢的用具集合起来，咖啡时光会越来越幸福。

咖啡量匙

如果是长柄量匙的话，会很好拿。如果是短柄量匙的话，可以轻松放进咖啡罐里。我只是根据设计而选择，并没有考虑其他的因素。从上至下分别是，MORIHICO.×Craft K、IKEA、ACTUS、HMM（中国台湾）。

BODA NOVA 复古烧杯

虽然是很简单的烧杯，但在盛放电动研磨机研磨的咖啡粉末时、称重咖啡豆时以及放置搅拌棒等这些微不足道的场合经常会派上用处。它也是在博客和SNS上被评论用处很多的用品之一。

WPB 咖啡滤纸盒

使用德国制造的邦德皮革，制作得非常精细，好用且设计漂亮。因为盖子上有磁铁，所以能够砰地一下合上，并且携带也很方便。

它们是享受咖啡时间时离不开的小配角们。准备好这些被认可的东西也很开心。

八角餐具垫

这是Shell House家制作的垫子。说是放餐具的时候用来垫在下面的东西，但也未必。在我家的话，经常把它摆放在桌子的中央，用来将家人们的餐具的前部放在它上面。

搅拌棒

因为咖啡必然需要搅拌，所以搅拌棒出场的机会很多。如果使用自己喜欢的搅拌棒，心情马上会变得很好。从上到下，分别是花梨搅拌棒（在POOL+购买）、柳宗理不锈钢搅拌棒、ACTUS以及在杂货店购买的搅拌棒。

八角形的杯垫

同样是Shell House家的杯垫。厚度适中，和我家里的一些玻璃杯和杯子都很适合一起使用。因为价位亲民，所以我经常整套购买。

everyday 保存罐

据说滤纸暴露在空气中会有味道，所以我尽量放置在有盖子的罐子里。由于我不想让波浪形滤纸的形状变形，因此使用筒状并且可以快速地开关的容器，会方便很多。

刷子

对于洒落的咖啡粉和研磨机的清理问题，刷子是必需的。Redecker（上）和Kalita（中）的刷子都是用硬度适中的毛制作的经典款。无印良品（下）的木制间隙刷，是清理电动研磨机上沾的咖啡粉时经常用到的。

第三章 *Chapter.3*
道具的选择和冲泡的技巧

冲泡手工滴滤咖啡

手工滴滤用的咖啡工具有很多，如果讲究的话就没完没了了。姑且只考虑滤杯和滤纸、咖啡粉和热水就可以了吧。首先从想要尝试的事开始，一定要品味下家里的咖啡。

基本的必要工具是滤杯、滤纸和咖啡壶。看着好喝的咖啡积聚在咖啡壶里，真是最幸福的时刻。

Coffee dripper & server
咖啡滤杯 & 咖啡壶

Kalita 波状滤杯 & WDS-155 & 咖啡壶 Jug400

TSUBAME生产的不锈钢型滤杯，是和波状的滤纸组合使用的。因为是筒状的，所以热水能均匀地渗透咖啡粉，萃取出稳定的味道。推荐作为入门滤杯使用。咖啡壶是广口的而且把手也很大，方便携带和清洁保养。我也很喜欢这样的设计。

HARIO V60滤杯 & 咖啡壶 400 橄榄木

这是我最爱用的滤杯。如果找到诀窍的话，无论咖啡豆是清爽的还是醇厚的口味，都可以冲泡出美好的味道。其材质和颜色也有很多选择。虽然它只有一个孔，但因为孔大，萃取的速度还是比较快的。因为我不是很喜欢浅焙的涩感，所以浅焙的豆子我经常使用这个滤杯。

根据滤杯的不同，咖
啡的味道也会发生变
化，但我也会根据外
观来选择滤杯。

LOVERAMICS BREWERS

虽然三个都是同样的形状，但螺纹的
形状不同，咖啡萃取的速度也有变
化。因此可以根据咖啡豆和那天的心
情来选择。滤杯支架（右侧图）的内
侧有硅胶，既能保证滤杯的稳定性，
又和其他的滤杯都很适配，因此推荐
使用。

Cores 金属过滤器 C246BK

柯莱斯黄金过滤器因为纯金涂层所以不易引起化学
变化，容易萃取出咖啡豆纯正的味道和香味。没有
必要搭配滤纸使用，把咖啡粉加入后可以马上萃
取。因为轻便、不会裂开，使用起来很是轻松、方
便，所以经常使用。

HMM Gaze 滤杯和咖啡壶

整套都是玻璃制品。因为是1~2人使用的，所以
内侧的角度有点陡。咖啡壶因为是双层的所以不
烫手，拿着能感觉到一点点咖啡的温度，这符合
我的喜好。因为咖啡壶容易滴漏，推荐一次性倒
完。这里是难点，但是因为它的可爱所以我不介
意使用。

Coffee dripper & server

咖啡滤杯 & 咖啡壶

小蓝瓶咖啡滤杯

用专用的波状滤纸进行萃取。它最大的特点是内侧有40条凸起的细线。因为这些凸起，咖啡液可以从萃取口不快不慢地、以稳定流量地萃取出来。这是限量版的设计。经常购买的小蓝瓶豆子，一定要用这个滤杯进行冲泡。

ANAheim Double Wall Beaker

和咖啡杯一样，咖啡壶我也喜欢能被手感知温度的。终于找到双层的大号咖啡壶。因为不容易沾水滴，所以做冰咖啡的时候会经常使用。

咖啡考具滤杯

日本新潟县燕市生产的咖啡器具。滤杯全是由不锈钢制作，很结实，清洗的话也很方便。虽然是圆锥形，但是滤纸可以使用圆锥形也可以使用梯形。对于梯形滤纸，需要将其夹在中间。也推荐户外使用。

TORCH 咖啡壶 Pitchii

虽然造型很简单，但它有一些凸起的设计可以告诉你咖啡的容量。据说因为造型像小鸟的样子，所以就取名为Pitchii。它是我现有的咖啡壶中最旧的一把，一直都在使用。

滤杯的选择要点

滤杯是没有『哪个好』、『哪个不好』的说法的。能遇到自己感觉易冲泡咖啡的滤杯的话，它就是最好的。

01

金属过滤器还是滤纸

根据选择的过滤方式，咖啡的味道会发生很多变化。金属过滤器有很多小孔，集滤杯和滤纸为一体。因为咖啡豆的油分可以通过金属过滤器，所以我们可以喝到醇厚的咖啡。但是细小的咖啡粉末也会通过金属过滤器，咖啡会变得浑浊，这样口感稍带点粉感。想要直接品尝咖啡的话，推荐金属过滤器。

—

一次性滤纸，因为能吸收豆子的油分，并且咖啡粉末无法通过，所以咖啡口感会比较清爽。滤纸形状一般有梯形、圆锥形和波状三种。有很多厂家都在售卖，不同类型的滤纸过滤的咖啡味道也有所变化。当然，收拾起来比较轻松也是一次性滤纸的一个优点。

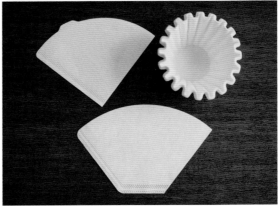

02

形状（圆锥形、梯形、波形）

圆锥形滤杯（右），因为只有一个大孔，所以大多数萃取速度很快。波形滤杯（中），热水容易均匀地通过，所以咖啡味道很稳定。梯形滤杯（左），因为萃取口比较小，所以和其他滤杯相比的话，萃取速度要慢一些，更容易萃取出浓郁醇厚的咖啡。咖啡萃取速度越快，咖啡口感的自由度就越高。

03

萃取孔的数量和大小

通常情况下，圆锥形滤杯的萃取孔只有一个，梯形和波形滤杯的萃取口有2～3个。萃取孔越大，数量越多，萃取速度就越快。而且萃取速度越快的滤杯，根据冲泡人的不同，咖啡的味道容易发生很大变化。

04

螺纹

螺纹其实是滤杯内侧的沟槽。它是为了让滤纸排气通畅而设计的。根据厂家不同，螺纹的数量、高度和长度都不相同。根据螺纹的不同，萃取速度也有很大的变化。顺便说一下，金属滤杯根据孔的大小不同，萃取速度也会有所变化。因为光看是判断不出来的，只能试着冲泡品味出来。

05

材质

在意的点：1.清洁的方便程度；2.易操作性；3.导热性和保温性；4.外观。清洁的话，树脂和陶瓷的清洁起来比较轻松，铜或者木制的稍微费劲些。陶瓷和玻璃材质因为容易破碎，所以使用时要谨慎处理。树脂和钢丝材质不容易破碎而且轻便，操作起来也比较轻松。另外，越容易导热的材质，滤杯的温度也会越快达到一定温度，这样萃取效率就会上升，当然也容易冷却下来。我觉得，暖了不容易冷却下来的、保温性好的材质，滤杯的萃取温度也会比较稳定。

滴滤咖啡的基础冲泡方法

因使用的工具和冲泡方法的不同，咖啡的味道也会有所变化。

为了冲泡自己喜爱的咖啡，首先从基本的冲泡方法开始学习。

咖啡杯1杯份
· 咖啡粉　　　12g
· 水　　　　　200ml

马克杯1杯份
· 咖啡粉　　　15g
· 水　　　　　250ml

01

将滤纸沿着缝合线折叠，这样它就变得容易紧贴着滤杯了。如果是扇形滤纸的话，正面和反面要交替着折叠。

02

在滤杯上装上滤纸。

03

先浇上热水过水，把滤杯温一下，这样注水的时候温度不会下来，咖啡的成分能有效地萃取出来。

04

放入咖啡粉弄平整。建议每6~8g咖啡粉加100ml热水这样的配比。咖啡豆因烘焙程度的不同，重量也有所变化，因此冲泡前称量一下咖啡豆的重量，咖啡的味道更易保持稳定。

05

最开始加入足够浸湿全部咖啡粉量的热水。

06

等待30秒到1分钟，闷蒸。这个时候咖啡粉会噗噗地膨胀起来，是因为咖啡中富含的二氧化碳被释放出来。因为这个气体会妨碍咖啡的萃取，所以最初必须好好地闷蒸让气体放出。顺便一提，相比浅焙的豆子，深焙的豆子更容易膨胀。

07

一边从中心向外画圈，一边将热水分数次浇注。这时要有个意识，为了将全部咖啡粉均匀地萃取出来，热水要浇注遍及全部咖啡粉。如果注水集中在一边的话，另一边就不能很好地萃取了。

08

等滤杯中的热水剩余较少的时候，可以再次注水了。如果等滤杯中的热水都没有之后再注水的话，热水要重新浇注遍及全部咖啡粉，就会花费不少时间，这样萃取效率就变差。不过也要注意，如果滤杯中热水的量还较多的时候就注水的话，那么咖啡容易变稀。

09

剩下的是自由地注水，分量地萃取。

10

冲泡结束之后，将咖啡液搅匀之后倒入杯中。因为底部和表面的咖啡味道完全不同，所以搅匀是很重要的。

如果想再冲泡得好喝一些

咖啡豆的研磨情况、萃取时间、咖啡粉和水的比例、热水的浇注方法以及水的温度，这些都会影响咖啡的味道。

如果执着于咖啡味道的话，首先从用秤盘测量咖啡粉和水的量做起。为了能够冲泡出自己喜欢的稳定的咖啡味道，要再稍微添加点工具。

想要入手的工具和将咖啡冲泡得好喝的诀窍

如果想要喝更美味的咖啡，有些要注意的地方。建议请关注下面的事项。

用咖啡研磨机时调整研磨程度

咖啡豆刚磨成粉的时候，味道自不必说，香味也非常好。咖啡豆从研磨的瞬间，开始接触空气中氧气的比例就增大了，变质的速度也会加快。对于最喜欢咖啡香味的我来说，研磨程度的区别在香味变化上是很明显的。如果追求美味的话，咖啡研磨机是必需的。根据调整咖啡豆的研磨程度，就容易调节味道的浓度。

用电子秤准确地测量重量和时间

用惯了滤杯之后，绝对会很想使用电子秤。如果豆子和水的重量都很严谨地测量了，就容易明确到底是什么原因形成了这个味道。在滤杯和滤纸之后，我最想拥有的就是电子秤。

用滤壶自在地注水

家里的水壶注水有困难的话，购入手冲壶和滤壶，就会很方便。为了让滴滤方便些，控制好水量和注水的位置很重要。

执着于水的温度

水温比想象得更能改变咖啡的味道。基本上，我是用85~90度左右的热水冲泡咖啡的，如果温度低的话，萃取出来的咖啡有点酸味；如果温度高了的话，又很容易萃取出苦涩感。

Coffee mill

咖啡研磨机

COMANDANTE

这是最优秀的咖啡研磨机之一。Nitro Blade高氮钢刀盘和固定的中轴构造,使得在转动手把的时候,可以用最小的力,研磨出稳定颗粒大小的咖啡粉。木质的手感很亲切,而且手把也很容易把握。

能很大程度上影响咖啡味道的是咖啡研磨机。

1Zpresso JPpro

转动上方的调试刻盘,来调节咖啡粉的颗粒大小。明明是手动的咖啡研磨机,但很容易调节研磨的精细程度,非常便利。机身略微细长些,握在手里很容易使上力气。用高品质的刀片和构造进行研磨,研磨的速度也变快了。

右·BARATZA Sette270wi

作为电动意式咖啡研磨机，这款是我的最爱。最大的特点是内含高性能的电子秤。研磨的程度可以有270档位调整。造型简洁，清洁保养也很容易。因为易懂的构造，所以使用也方便。当然也很中意它的设计。

卡夫拉诺 Krinder

这是意式咖啡用的、能研磨出极细粉的手动研磨机。因为机身的主体的材料使用了聚酰胺和硅酮等，所以很轻，很适合户外活动时使用。配备的意大利产的金属刀片锋利无比，能够将豆子研磨成均一的粗细程度。

左·Cores 圆锥研磨机C330

这是一款研磨颗粒从粗到细都可以调节，制作滴滤咖啡用的研磨机。因为如果尺寸合适的话，就可以将研磨下来的咖啡粉直接落在滤杯上，所以使用比较方便。只要按一下按钮，研磨刀片就可以被卸下来，保养清洁也很方便。如果更换刀片的话，可以一直使用下去，这点也是很有魅力的。

TIMEMORE NAMO

最大容量是15g，方向盘是可以折叠的款式。可以随身携带，想要简单研磨一杯咖啡的时候很推荐。因为它机身细长，握在手里比较容易使上力气并且也容易旋转，研磨的颗粒状况也不错。外形设计是我非常喜欢的。

Drip scale
滴滤咖啡电子秤

TIMEMORE

当开始注入热水时，它就自动转入开始模式。在滴滤结束时，它能显示花费的时间和加入的热水量。设计很简洁，也很帅气，尺寸也是刚刚好的。

选择咖啡研磨机的诀窍

在选择咖啡研磨机的时候，从颗粒粗细的均一性、容量、手动还是电动等这些基本的事项开始，到使用的场合、保养的便利度等，推荐选择适合自己生活的研磨机。

01

手动还是电动

手动研磨机的优点是在研磨的时候可以享受香味和感觉。不需要电源，携带方便又小巧，所以户外和旅游的时候可以带着使用。作为室内装饰也是极好的。缺点是很花费时间，需要大量研磨的时候就会很辛苦，让人疲劳。

电动研磨机的优点是只要按一下开关，就能快速地研磨。虽然充电式便携研磨机也已经登场，但大多尺寸偏大。在研磨时声音很大可能也是它的缺点之一。

02

研磨机的性能和种类

研磨刀盘的材质（金属、陶瓷）
金属制研磨刀盘锋利无比，但容易产生静电和热，还有金属味，这些是缺点。陶瓷刀盘加工比较难，和金属刀盘相比的话，锋利度要差一点。但不容易产生静电和热，水洗比较方便，这些是优点。我感觉高性能、高价位的研磨机多数是金属制刀盘。

研磨刀盘的形状
·螺旋桨式/平刀式（上）
螺旋桨式的刀盘高速旋转把豆子碾碎。在电动研磨机上使用时，可以通过控制按钮的时间长度来调节。颗粒的研磨情况不是很好，也有很多会造成杂味的微粉。但是价位很合理。我认为作为初学者购买的研磨机还是不错的。
·锥式（下右）
锥形锯齿状的刀盘通过旋转将豆子碾碎。手动的研磨机几乎都是这个形状的刀盘。为了不产生热量，低速研磨的居多。通过调整内侧的锥形刀盘和外部的刀片之间的间距，来调节研磨的程度。通过多阶式细细研磨的构造，研磨出用于意式咖啡的粉极细。这种研磨机大多采用锥式刀盘。
·切割式/光刻式（下左）
两枚圆形刀盘面对面旋转，咖啡豆通过两个刀盘之间，进行碾磨。像切片一样研磨的切割式刀盘，因为不容易产生热量，所以香味不易消失。对于光刻式刀盘，粉碎式研磨是它的特征。

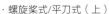

03
转轴的稳定性

虽然能够放在锥形刀盘上，但是转轴如果不是很牢固的话，和刀片之间的间隙就会变大，那么颗粒大小的稳定性就不能保证。为了能够控制咖啡粉颗粒的大小，转轴的稳定性是必需的。好的研磨机研磨出来的微粒粉末应该很少，颗粒均一度比较高。

04
容量和大小尺寸

如果是要带去户外的话，小一点的研磨机会好一点，但并不是越小越好。如果买了比平时研磨容量少的研磨机，不得不研磨无数次还是很麻烦的，太大的话又很碍事。如果是电动研磨机的话，可能也有厨房占用空间方面的问题。建议还是选择适合自己的大小尺寸。

05
使用的场所

在厨房使用，还是在户外使用，或者想在起居室悠闲地研磨等，根据使用场所的不同，合适的研磨机都是不同的。如果在厨房研磨的话，什么样的研磨机都可以，但是想在户外或起居室等场所研磨的话，手动的、方便携带的研磨机为好。

06
使用的便利度

考量使用便利度，可以从清洁保养的方便度、研磨程度的调节便利度和手动把手的旋转便利度等方面来看。无论颗粒多么均一，要是使用很不方便的话，也会变得很麻烦。因为我每天要使用多次，所以我觉得和颗粒均一性同样重要的，还有使用的便利度。

Drip pot & kettle
咖啡壶和水壶

Brewista

最大的特征就是注水方便。把手不单可爱，抓握也很方便，不觉得累。这款咖啡壶的壶嘴大小尺寸正好，可以注入粗细不同的水流。你可以轻轻地将壶嘴靠近咖啡粉，并慢慢地注水。它也很轻巧。

这里很方便

带着温度计的水壶果然还是很方便的，值得推荐。上/Brewista的液晶显示部分。下/FELLOW的电水壶的温度显示的字体很可爱。

FELLOW Stagg EKG带温度的电子水壶

在设计和温度设定等方面非常出色。另外，保温过程中，即便安静地把水壶拿起来，只要在60分钟内放回到电源底座的话能再次加热保温。无论怎么样倾斜，热水的量都是被控制的，不会扑地一下子倒出来。用它倒水是比较容易的。

可以调节温度的电水壶很方便。既能在热水煮沸之后轻松地倒出来，也能调节温度，这种是最棒的。

Simple Real TAMAGO
咖啡壶

加入热水时盖子上温度计的指针会一下子转动起来，很可爱。为了让把手不传热，把手内侧是木制的。尺寸适配的是很小的一杯或者滴滤袋。壶嘴比较细，容易调整出水的热水量。热水笔直地落下来比较合适。这是我女儿爱用的。

Kalita 滴滤咖啡专用
的水壶 KDP-800

这个注水口的设计真不愧是卡莉塔出品，从头到尾都能牢牢地控制出水的热水量。出水既不太粗也不太细。把手是手指触感很好的质地。盖子一键就能开关。时尚的设计也是很大的魅力所在。

月兔印
细壶

这是我最初购买的咖啡壶。因为是搪瓷的所以清洁起来很轻松。经典款很容易倒水，而且最可爱。1.2L的容量装满水的话会变得比较重，而且要倒出细细的水柱是需要些练习的。但这个我已经很珍惜地使用了很多年。

选择咖啡壶的要点

首先第一位要考虑的是自己想要的倒水便利度。要点是壶口和拿壶的便利度。

如果能知道温度的话，那就更方便了。

01

壶口

细细的壶嘴容易控制出水的量。如果想要慢慢地一滴一滴地滴滤的话，细小的壶嘴为好。如果想要滴滤4杯以上咖啡的话，只能细斟的话会花费很多时间，而且也容易出现涩味和杂味。粗壶嘴因为能调节水量的幅度较大，所以可以对应各种各样的萃取器皿，但还是要注意尽量细斟。另外，根据壶嘴的最前端部位不同，倒水的便利度也会发生变化。

02

把手

把手在倒水便利度上有很重要的影响。根据水壶的倾斜角度，热水的量和被注水的位置都会发生变化。而控制这些的正是把手。把手的形状、材质、设计都是各式各样的。即便装了很多热水拿着也不会觉得烫手或者手痛，并且结实大号的把手是我喜欢的。

03

材质

说起咖啡壶，不容易生锈的清洁方便的不锈钢材质是很普遍的。因为铜壶，和氧气、水等反应会产生绿色的锈，因此清洁的时候必须要注意些。如果能很仔细地使用的话，铜壶经历岁月之后的变化也是很有趣的。搪瓷壶的优点是污垢和气味都不太容易残留，也容易清洗。但因为成形不容易所以往往壶嘴要粗一些。造型设计上可爱的很多，颜色变化也很丰富。

04

容量

如果是咖啡滤包的话，有200~300ml就好，如果只需要1~2杯的话，有500~700ml就足够了。3杯以上的话，我想800ml以上是需要的。小号咖啡壶会轻一些、好拿一些。同时也方便转小圈，因此控制热水量也会比较容易。但如果太小的话，中途可能必须要追加热水。所以选择和自己使用量匹配的咖啡壶容量是很重要的。

05
有没有盖子

手冲壶有些没盖子有些有盖子。我个人觉得没有盖子的反而容易注水，如果有盖子的话热水不容易冷却。这个请根据个人冲泡方法的喜好来选择就可以了。

06
是否能测量温度

冲泡咖啡的时候，热水的温度会影响味道。因此，带温度计的手冲壶会非常方便。尤其最近电子温控壶多了，这也是我想推荐的。如果是没带温度计的手冲壶，可以用温度计测一下热水的温度。温度计有电子式的，也有指针式的，也有装在盖子上的。

07
设计造型

不用我说，大家肯定是想选择自己最喜欢的设计的手冲壶。我在选择咖啡器具的时候是很重视设计造型的。怀着兴奋、高兴的心情冲泡咖啡，这点是很重要的。

08
手冲壶还是咖啡水壶

咖啡水壶可以在火上加热，让水沸腾之后直接开始滴滤，不需要花费水沸腾后转移的时间，所以通常也能被作为水壶使用。但手冲壶不能在火上加热，一般是装入沸腾的水之后进行滴滤。另外，也有出水管细容易滴滤的电水壶。电温控壶是很方便的。

想喝昂列咖啡的时候

　　冬天喝昂列咖啡的次数增多了。昂列咖啡是滴滤咖啡和牛奶的混合物。拿铁咖啡是意式咖啡和牛奶的混合物。总之，就是牛奶咖啡。虽然拿铁很好喝，但从小习惯的昂列咖啡依然是我最喜欢的。

昂列咖啡的冲泡方法

滴滤咖啡兑入牛奶进行制作，是昂列咖啡的秘诀。我喜欢用较多的牛奶兑入深度冲泡的咖啡。

咖啡一杯份

· 咖啡粉　　15g
· 牛奶　　　150ml
· 热水　　　100ml

01

温牛奶。

02

将咖啡粉装入滤杯，按滴滤咖啡的基本顺序进行冲泡。我在做昂列咖啡的时候会更多地选择深焙的咖啡豆，这也成了我的偏好。为了萃取得浓郁些，选择稍微细些的咖啡粉会好点。

03

注入30ml的热水，蒸30秒左右，将剩下的热水分三次慢慢地注入。我的话一般会分，20ml、30ml、再20ml这样注水。

04

一定要在滤杯内热水少下去之后进行再次注水。如果喜欢牛奶口味重点的话，减少注水的次数。直接用温好的牛奶进行滴滤也是可以的。

05

往咖啡里加入牛奶就完成了。

用于冲泡咖啡的各种工具

　　没有空闲、很忙碌的时候，我也想在家喝杯美味的咖啡。这种时候，如果有可以简单冲泡的工具，享受咖啡会更方便。喜欢设计的工具很多，但最重要的是使用不同的方法进行冲泡的快乐已经让我上瘾。

Coffee utensils
咖啡的器具

SteepShot

把咖啡粉和热水装进去,稍微等一会儿,然后旋转瓶盖。用力拧一下,咖啡就出来了。用力一下并不是夸张的表达,因为有蒸汽压力的关系,所以咖啡出来的势头很猛。当然这个器具能萃取出味道稳定的咖啡。也推荐在户外使用。

左上/过滤器部分的零件。右上/在瓶子中加入咖啡粉。左下/加入热水,盖上盖子等待30秒到1分钟。右下/逆时针旋转瓶盖,咖啡就被萃取出来了。

悠哉地享受滴滤咖啡是很不错，当然如果可以用简单的器具做出味道稳定且好喝的咖啡也有很大魅力。

法式压力壶

它的特点是冲泡很简单，还有咖啡味道是恒定的。因为能够萃取到咖啡豆的油分，所以能很好地品尝咖啡的味道。缺点是清洗有点麻烦，另外容易漏出微细粉。

上/在咖啡粉里加入热水，等待4分钟。下/下压压杆就完成了。

AeroPress®

能够利用空气的压力，短时间内萃取咖啡。味道在法压壶和滴滤咖啡之间。恰到好处的苦涩感，让我很喜欢。在户外时我也经常使用，可以这样直接将咖啡萃取到杯子中。

上/加入咖啡粉注入水，搅拌之后等待30秒到1分钟。下/将器具组合好，从上方开始扑地一下压下来。

74

Coffee utensils
咖啡的器具

DELTER COFFEE PRESS
这是一款将热水推压经过咖啡粉来萃取的器具。这个和空气压力机相似，和滴滤咖啡是相同的冲泡原理。因为有储存盒，所以只要量好咖啡粉的量，就不需要刻度。一旦习惯了就很方便使用。我是经常使用的。

上/将咖啡粉装进去。下/将冲煮仓向上提时，热水就会积聚到下层。下压时热水就会对着咖啡粉落下去。

聪明滤杯
这是一款可浸泡的滤杯。冲泡的咖啡味道比较稳定。因为底部有过滤器所以不会漏出细粉，滤出的咖啡是很清爽的口感。另外清洁起来和普通的滤杯一样方便。

上/把滤杯组装好，将咖啡粉和热水倒进去等待4分钟。下/将聪明滤杯架在咖啡壶上，让咖啡自然地落入咖啡壶中。

想享受浓缩咖啡

品尝一下和平时不同的咖啡，可以稍微改变下心情。这样的日子，就想试着品尝下浓缩咖啡。无论是摩卡壶冲泡的咖啡，还是真正的浓缩咖啡，在家里享受浓缩咖啡会给人非常特别的感受。

Espresso maker
浓缩咖啡机

如果能冲泡浓缩咖啡的话，就
能调制出各种花式咖啡。一定
要在家做一下浓缩咖啡。

Flair PRO2

明明是便携式的，却能享受到像顶级咖啡师冲泡的正宗浓
缩咖啡。如果能很好地把握研磨的程度和咖啡粉量，就能
品尝到非常美味的浓缩咖啡。总之，是咖啡爱好者不可抗
拒的器具。

ALESSI MOKA

这是直燃式浓缩咖啡机。机身是铝制的，和不锈钢制的咖
啡机冲泡的咖啡相比，味道更加醇厚。这个造型设计，我
很喜欢。把手是灰色的，直线条又不失可爱。我想每天都
使用它。

Bialetti Brikka

比乐蒂的摩卡壶很有名，因为内部有特殊的阀门，可以制
造出人工的咖啡泡沫。将水和咖啡粉按照比例搭配好，在
小火上加热，伴随着扑哧扑哧的声音，咖啡就做完了。冲
泡起来很开心，也是我很喜欢的一款咖啡机。

ROK EspressoGC

零件少，清洗起来很简单。每天早上能轻松用它来享受美
味的浓缩咖啡。注重细节的外表很帅气。ROK是咖啡研磨
机，可以手动研磨出极细的颗粒，很推荐。

摩卡壶的冲泡方法

在意大利，每个家庭都有摩卡壶。最开始可能会觉得使用方法有点麻烦。但冲泡方法简单，清洁起来也很便捷。

01

用带刻度的量杯测量水。

02

在底壶装入水。

03

在粉盒装上咖啡粉。咖啡粉的研磨程度不能像浓缩咖啡用的那样细，因为可能会无法萃取。但要比滴滤咖啡用的咖啡粉研磨得更细一些。不要按压粉盒，正常装入咖啡粉就行。如果用力按压的话，热水将无法上涌。

边缘粘上咖啡粉的话，空气就会漏进来。所以注意粉盒的边缘不要粘上粉，然后装入底壶。

04

将上壶和底壶组装起来，牢牢地拧紧，不让空气漏出来。

05

在火上加热。在底部的面积内
小火加热。

06

如果咖啡萃取出来了，就可以
关上火，这就完成了。咖啡飞
溅的情况很多，所以还是盖上
盖子进行萃取比较好。

\ 我喜欢的物品 /

Nano Foamer

能够制作出让人惊讶的绵密微奶泡，是能够拉花程度的漂
亮奶泡。即使不拉花，加点奶油也很美味。因为防水的设
计，所以可以全机清洗。打奶泡的过程中牛奶容易飞溅弄
脏，所以能全机清洗是很方便的。

一按下开关就能工作。虽然有点诀
窍，但自己多多尝试也很有趣。

如果试着喝看看的话，牛奶很润滑所
以口感很好喝。在家就能很轻松地喝
到拿铁，果然是很棒的。

如果想要冲泡好喝的浓缩咖啡

做完浓缩咖啡后，试着制作出各种花式咖啡是很快乐的。

因为咖啡浓，即便花式咖啡也能很好地品尝出咖啡的味道。

焦糖拿铁

淡淡的甜味和香酥的表面，这是一款美味的甜点饮品。虽然把砂糖弄焦需要花费时间，但家里有燃烧器的话一定着做一下。操作简单，也很美味。

材料和制作方法

温牛奶200ml用打泡机等打成奶泡。一茶勺的红糖加入60ml的浓缩咖啡，加入带奶泡的牛奶。撒上充足的红糖，用燃烧器烤到发烫。

气泡美式

在咖啡店，夏天点气泡美式的人很多，但是在家里的话，不管夏天还是冬天都可以经常喝。吃比萨、薯条、小点心的时候，不能少了碳酸系，这是我的偏好。

材料和制作方法

在加入很多冰块的玻璃杯里加入60~70ml的气泡水（事实上我平时都是适量加入）。加入一大勺柠檬汁和一大勺糖浆，再一口气加入刚刚萃取的约30ml的浓缩咖啡，这样就做成了。一定要好好地搅拌。

抹茶咖啡

实际上我很喜欢抹茶。在抹茶拿铁里加入浓缩咖啡,抹茶风味中带了点咖啡的苦涩。稍微加大点浓缩咖啡的比重,仅喝一杯就身心满足。

材料和制作方法

1小勺抹茶、2小勺炼乳、150ml温牛奶和30~60ml浓缩咖啡(可以根据自己喜欢的量)加入到水壶中,充分搅拌。因为抹茶不太容易混合,我一般用打奶泡机进行混合。浓缩咖啡的话,最后加入。如果喜欢抹茶的话,可以多加些抹茶。

摩卡咖啡

尝试了很多种咖啡和巧克力的混合,不是浓缩咖啡的话,咖啡味道就会不明显。所以摩卡咖啡只有在冲泡了浓缩咖啡后才能喝到。巧克力的量要看个人喜欢。

材料和制作方法

往自己喜欢的量的巧克力(我经常是2块)里加入30ml热的浓缩咖啡进行混合。再倒入150ml温牛奶,撒上可可粉盛上棉花糖。如果使用可可含量高的黑巧克力,就用棉花糖来调整下甜味。摩卡咖啡和融化的棉花糖是最配的。

浓咖啡焦糖布丁

布丁在我这里是最简单的甜品。只要将鸡蛋、牛奶和砂糖混合之后蒸一下就好。喜欢咖啡的话还是推荐咖啡焦糖布丁。入口就是一股咖啡的香味。

材料和制作方法(2份)

浓缩咖啡和砂糖各一大勺在锅中煮干做成焦糖。140ml牛奶用微波炉(500W)加热1分20秒。一个鸡蛋和一大勺砂糖充分地混合,然后将温牛奶一点点加入搅拌混合。把焦糖、布丁液先后倒入布丁容器,再用蒸锅小火蒸上12分钟,表面凝固就做成了。在冷藏室里冷却之后就可以食用。

夏日的冰咖啡

在家里开始制作冷萃咖啡，是夏天来临的标志。无论是潮湿还是热得快要融化，能喝上非常冷的冰咖啡，心情一下子就清爽不少。即使是冰咖啡，冲泡的方法也各种各样，风味也是各不相同。

冰咖啡的冲泡方法

虽然冷萃咖啡比较花费时间，但味道醇厚。

为了能够保留刚冲泡完的香味和风味，可以采用急冷式冲泡。

急冷式

这是一种将萃取的咖啡迅速冷却的方法。可以往加了冰块的咖啡壶里萃取咖啡，也可以在加了很多冰块的玻璃杯里注入热咖啡。

玻璃杯（1杯份）
- 咖啡粉　　　　　15g（中粉）
- 热水　　　　　　120ml
- 冰　　　　　　　90~120g

还有这样的冲泡办法

如果是浓泡的咖啡，法压壶和浸泡式滴滤的也都可以。可以向加了大量冰块的咖啡壶和玻璃杯一口气倒入刚刚冲泡好的咖啡。

01

在咖啡壶里加入冰块。推荐袋装碎冰块。味道不错，而且卖相也好。因为不太容易融化，所以不会让口感太淡。

02

在滤杯里加入咖啡粉，弄平整。细粉可以萃取出较浓的咖啡。考虑到冰块会慢慢冲淡咖啡的口感，所以一开始可以冲泡得浓一些。用于冰咖啡的咖啡粉，不管深焙还是浅焙都让人喜欢。

03

注入30ml的热水，等膨胀平息大概要闷蒸30秒~1分钟。冰咖啡的话闷蒸的时间可以稍微长一点。从中心画圈将30ml的热水慢慢地注入，在水位完全下降之前再将40ml热水注入咖啡粉整体。因为深焙豆子比较容易膨胀，可以只在中央注水。

04

最后把20ml热水注入中央位置。旋转滤杯，让热水全面接触咖啡粉。等到水位完全下降就完成了。夏天果然还是冰咖啡最棒。

这是一种在咖啡粉里加入水的冷萃咖啡，除了需要使用带过滤的器具外，没有其他器具也能制作。

约500ml份
- 咖啡粉　　　　40g
- 水　　　　　500ml

01

将咖啡粉装入瓶子里，注入水。这是IKEA的瓶子。研磨度是中粉到中粗粉程度。

02

轻轻地搅拌，在冷藏室内放置8~12小时。

也有这样的冲泡方法

03

用滤纸过滤。

04

醇厚好喝的冷萃咖啡就做成了。本身是冷的，在玻璃杯中再加点冰块也可以。

使用卡迪等冷萃咖啡用的纸包或茶包都可以。只要将咖啡粉装入纸包里放在水中就可以了。在冷藏室浸泡8小时左右。咖啡粉包不会漏出微粉，很牢固。

用冷水一滴滴地进行滴滤的方法。这需要专门的咖啡器具。冰滴式制作的咖啡有着醇厚清新的口感。

使用的工具

BRRREWER

将萃取咖啡粉的过滤器上下组装起来是它的特征。这个过滤装置可以无数次使用，很方便。调节下降的水量，冲泡出喜欢的味道。时髦的造型设计，组装简单、使用便利也有很大的魅力。

01

装上咖啡粉。使用BRRREWER的话，需先将浸湿的专用滤纸放置在底部。

02

加入可以湿润全部咖啡粉量的水，并使咖啡粉的表面保持平整。然后在咖啡粉表面放上湿润的专用过滤器。这样的话，水可以均匀地渗透到咖啡粉里。

03

只要装上水等待就行。天热的时候，也可以加入冰块。

04

大概5小时左右完成。

喝冰昂列咖啡的幸福心情

炎热的季节，非常想喝加了大量冰块冷
却下来的冰昂列咖啡。我喜欢把冰昂列咖啡
和蜂蜜吐司、甜甜圈、豆沙面包等食物搭配
着,咕噜咕噜地喝。

冰昂列咖啡的冲泡方法

因为冲泡方法不同，即便相同的咖啡粉，风味也完全不同。一定要试着找到喜欢的味道。

滴滤式

用滴滤咖啡制作冰昂列咖啡。因为冰和奶会稀释，所以咖啡要萃取得浓厚一些。

玻璃杯1杯份
- 咖啡粉　　　17g
- 牛奶　　　100ml
- 热水　　　80ml
- 冰块　　　适量

01

在咖啡壶里加入足量的冰和牛奶。咖啡粉粗细程度是比通常再稍微细些的中细粉。

02

在咖啡壶上组装上滤杯和咖啡粉。注入能浸湿全部咖啡粉量的热水（92度，约30ml）闷蒸30秒。再分数次注入80ml热水。一边从中心开始画圈一边等水位下降之后注水，不停地重复这个过程。从闷蒸完到萃取，大概1分30秒到2分钟左右。

03

充分搅拌混合后完成。

萃取式

因为是用冷牛奶萃取，味道很美味。是一种很醇厚的咖啡牛奶。

玻璃杯1~2杯份
- 咖啡粉　　　20g
- 牛奶　　　300ml

01

咖啡纸包（茶包也行）里装入咖啡粉。这是卡迪的冷萃咖啡纸包。用这种冲泡方法制作的时候，多使用果味咖啡豆。研磨程度根据自己的喜好。（我喜欢粗粉）

02

之后只要将牛奶倒入就行。在密闭的冷藏室里放置8~12小时就完成了。

在户外享受咖啡

虽然总是在家里享用咖啡，但一边感受着新鲜的空气和令心情愉快的风一边喝着咖啡也是很特别的。户外咖啡的话我尚是新手，还有各式各样的器具想要尝试，并且每次都会有新的发现。

Outdoor coffee utensils

户外咖啡的器具

oceanrich G1[⊖]

因为它可以无线充电，所以在哪里都可以研磨。即便按下按钮放任不管，研磨结束了也会自动停止。特别是在和孩子们一起的时候和在户外容易手忙脚乱的时候都是很好用的。

HARIO 智能G

经典陶瓷刀片的研磨机。携带方便，研磨也很轻松。因为有装粉功能的优点，所以户外使用很合适。

特兰吉亚水壶

我购买特兰吉亚水壶是因为它外观可爱。这是个经典款，果真使用很方便。

sosogu_

只有和这个组装起来水壶才能滴滤。这是特兰吉亚专用的，不同的水壶有不同尺寸的壶嘴。不需要特地带着咖啡壶，真的很方便。当然注水也很方便。

卡夫拉诺　经典系列

一个装备就能兼具研磨机、咖啡壶、滤杯和马克杯的功能。推荐给那些想把它们都装在一个盒子里的人们。

RIVERS 沃尔马格溪&微型滤杯

玻璃杯摸上去有杯套的质感，这是聚丙烯制的。玻璃杯和滤杯组装起来能进行滴滤。过滤器是不锈钢网状物。

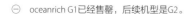

⊖　oceanrich G1已经售罄，后续机型是G2。

我虽然喜欢室内，但也觉得果然在户外喝咖啡也很美味。一年会有那么几次，非常期待。

第四章 *Chapter.4*
豆子的选择和
花式咖啡的配餐食谱

咖啡豆怎么选择？

虽说根据冲泡的方法不同，咖啡味道会
有所变化，但决定咖啡味道的最大要素是咖
啡豆的好坏。好的咖啡豆是新鲜的、适度烘
焙过的。当然最重要的是自己喜欢的味道。
自己喜欢的咖啡一定是最好喝的咖啡。

选择适合自己的咖啡豆

喜欢的口感因人而异。咖啡也是同理。为了选到好喝的咖啡豆，首先应该从知道自己喜欢什么样的咖啡豆开始。

浅焙

我觉得好点的咖啡馆会区分咖啡豆的烘焙程度，主要有浅焙、中焙和深焙的咖啡。一般来说，浅焙的是酸味浓的咖啡，深焙的是苦味浓的咖啡。在日本，不喜欢浅焙的人会多一些。

即便都是深焙，每家店烘焙的程度差异也很大。如果喜欢极度深焙，要是不在主营深焙咖啡的店就很难买到。虽然以浅焙咖啡为主的店也有售卖深焙的咖啡豆，但是主营浅焙咖啡的店里，深焙咖啡其实还是属于浅焙之类的。

深焙

咖啡豆的产地不同确实风味有所不同，我会先根据要喝深焙还是浅焙，来决定喝哪家店的咖啡。虽然我大多数是喝浅焙，但一直喝浅焙也会有偶尔很想喝下深焙和中焙的时候。因此，浅焙、中焙、深焙根据心情都会随意买来喝。因为总喝一种容易腻味，所以会随意换着喝。

如果根据味道来选择，建议去咖啡店品尝。

以下是我所采用的咖啡店选择标准。

01

咖啡豆的信息

好喝的咖啡店的咖啡豆，大部分会写清楚咖啡豆（单品豆）的信息。比如农场的名字和生产商的名字等。老实说，产地的名字尚还能记住，那么多农场的名字我可记不全。因此，农场的名称并不是购买的标准，只是在使用这个农场的咖啡豆时，可以清清楚楚地看到作为参考而已。

02

烘焙日期

咖啡豆的新鲜度是最重要的。不新鲜的咖啡豆，就没有香味和味道。存放几天的咖啡，味道自不必说，香味有明显的不同。我一般争取从烘焙日起约20天内喝完。因此，如果把烘焙日期写上的话，就能够更好地把握咖啡豆的新鲜度，简直帮了大忙了。

订购咖啡店咖啡豆的信息可以从SNS和杂志上获得。

咖啡豆可以在附近的咖啡店购买，也可以网购。

PostCoffee

选好喜欢的咖啡，它会定期寄给你。除了日本国内人气高的罗布斯塔咖啡豆，也能喝到海外有名的罗布斯塔咖啡豆。订阅服务能够定期自动配送咖啡豆，无须每次都下单，非常方便实用。
https://postcoffee.co/

FILTER SUPPLY

这是我第一次接触到原创拼配咖啡的店。每一杯我都很认真地冲泡，他家咖啡非常适合我的味觉，很好喝。瓶装也很时髦，送礼用也很推荐。
https://hifiltersupply.stores.jp/

豆香洞咖啡

可以说是这家店让我迷上了咖啡。各方面都不错的咖啡很多，如果想要喝味道稳定且咖啡味重的咖啡时，我会最先想到这家店的咖啡。我在这里购买了浓缩咖啡用的深焙咖啡豆。https://tokado-coffee.shop-pro.jp/

COFFEE UNIDOS

店开在福冈系岛。他家的咖啡，无论在我喜欢的咖啡店（COFFEE & CAKE STAND LULU）或者在我以前限量贩卖的原创中焙拼配咖啡中都有使用。他家咖啡都口感稳定，很好喝。http://tanacafe.jp/

COFFEE COUNTY

这是让我喜欢上浅焙咖啡的一家咖啡店。他家的咖啡无可挑剔地好喝。好喝到让人惊讶的咖啡很多，说起浅焙咖啡的话，首先就会想到这家店。
https://coffeecounty.cc/

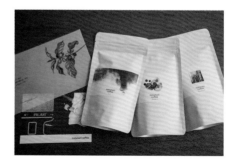

suzunari coffee

这是在SNS上偶然了解到后购买的。包装和盒子都很朴素，并且咖啡的味道很好喝，是我喜欢的。我喜欢淡一些的咖啡。作为礼品很推荐。
https://shop.suzunaricoffee.com/

方便的速溶咖啡和咖啡粉包，各大咖啡店和制造商都有贩卖。

毕竟还是有想简单喝点美味咖啡的日子。

小蓝瓶咖啡新奥尔良冰咖啡浓缩液

这家咖啡店的咖啡浓缩液只要往里兑牛奶，就能喝到好喝的牛奶咖啡。真的很想买呢。

LULU 袋泡咖啡

喜欢的咖啡店如果有袋泡咖啡的话，想简单喝点好喝的咖啡时，还是很方便的。包装可爱更让人喜欢。

雀巢星巴克高级混合咖啡

星巴克经典款的条装拿铁咖啡系列，甜味适度，很多都是我喜欢的。只要用水冲泡搅拌，就能喝到摩卡和拿铁咖啡。深受大家喜爱。

味道自不必说，咖啡包装可爱的话，也能让人开心。偶尔也有想简单喝点咖啡的日子。

高村咖啡烘焙去咖啡因

我几乎不喝普通的脱因咖啡，所以买豆子也是多余。所以，对我来说袋泡咖啡刚刚好。好的咖啡店的脱因咖啡还是很美味的。

DEAN & DELUCA 阿里巴德

这是罕见的浅焙液体咖啡。说到液体咖啡，就给人深焙的印象。如果你要走访喜欢浅焙咖啡的朋友家，可以带些过去。

小蓝瓶咖啡速溶咖啡

这是速成的小蓝瓶速溶咖啡。瞬间融化成好喝的咖啡。也可以作为送给平时不喝滴滤咖啡的朋友的礼物。

越南咖啡

这是一款可以简单冲泡的速溶越南咖啡。虽然慢慢地冲泡是越南咖啡的特点，但想快点喝的时候，可以喝下这款甜甜的味道。

keycoffee 冷萃咖啡

这是我最初做冷萃咖啡用的。比起塑料瓶装咖啡，还是用这个做出来的冷萃咖啡好喝得多。而且都是小份包装，很方便享用。

如何让咖啡豆保鲜？

请尽可能妥善地保存咖啡。

咖啡的好喝程度就会有很大的变化。

只要稍微注意一下咖啡豆的保存方法，

01
避光

影响咖啡豆保存的因素有光照、水分、氧气和温度。其中紫外线也会影响咖啡的颜色和味道。虽然没有阳光直射的影响，但即便在日光灯下也会开始变质。如果可以的话，尽可能避光为好。

02
密封

为了不接触氧气，保存在密封容器内是很重要的。另外，因为咖啡粉比咖啡豆接触空气的面积要大，所以变质速度也会更早。如果在意变质的话，比起咖啡粉，还是咖啡豆更合适。

03
常温放置还是冷藏

因为温度高的话，咖啡豆容易变质，所以最好保存在避光阴冷的地方。只是，从冷藏室和冷冻室取放的时候，咖啡豆会接触到湿气。烘焙后的豆子水分大概是占3%左右。如果接触到湿气，就会吸收湿气。每次重复吸收的话，豆子就会加快变质。如果冷藏室保存的话，按照每次使用量分成小份密封保存是最理想的。

结果

为了保留咖啡豆的新鲜度，满足上述的条件是必需的，但真正做起来的时候又因人而异。我的咖啡豆基本是常温密闭保存，多买的咖啡豆会连着袋子密闭冷冻。从冷冻室中取出时会吸收湿气，但那也是没有办法的，之后就常温放置到喝完为止。而且保存容器因为每天都要使用，所以使用便捷度是很重要的。因为我一天要冲泡咖啡多次，所以推荐使用开关容易和清洗方便的容器。如果要买各色的咖啡豆，有各种各样尺寸的容器用来存放会方便些。

CB 日本

搪瓷容易处理，清洁保养很轻松。带着硅胶垫片，所以可能没法完全密封。但能有一定程度的密封，而且开关很方便。也能堆叠起来，设计也很可爱。

KINTO

因为是用软木盖堵塞的，所以牢牢地塞进去是必要的。虽然知道咖啡豆不被光照到为好，但一眼能看到剩余量也是很方便的。装入咖啡豆的样子很可爱，事实上我很爱用。

装在能够密封的袋子里的商品，可以直接这样保存。

这个咖啡店的瓶子可以遮光，也可以这样重复使用。

转换心情享用的花式咖啡

　　天气变冷了，就变得想要喝甜甜的咖啡。闷热的夏天，还是想品味清爽的口感。根据天气和心情，想要喝的咖啡也会变得不同。而且制作味道与众不同的咖啡也令人快乐。

咖啡果冻牛奶

制作咖啡果冻的时候，为了味道稳定，大多数使用浸泡式器具进行冲泡，然后和牛奶混合。我喜欢用深焙咖啡。请按照个人喜好来就可以了。

材料和制作方法

15g的咖啡粉用220ml的热水萃取，用一大勺的水泡胀3g的明胶粉，再加入一大勺的砂糖，都融化后放入冷藏室内。凝固以后加入牛奶（喜欢的量），然后一边捣碎果冻一边搅拌。

阿法奇朵咖啡

只要在冰咖啡上放上冰激凌就做成了。在家制作的话，抹茶冰激凌也好巧克力冰激凌也好，随便放即可。制作很简单，在家做的才是我的阿法奇朵咖啡。

材料和制作方法

16g咖啡粉加入100ml的热水萃取，加入大量的冰块。让冰块超过咖啡的液体表面，在冰块上放上冰激凌。这样制作的话冰激凌和咖啡不会马上混合，无论是咖啡还是冰激凌，还是混合物，都可以慢慢地享用。

肉桂咖啡

虽然喜欢浅焙，但与牛奶和生奶油搭配的话还是深焙咖啡更好喝。制作这种咖啡时一定要深焙的咖啡豆。在慢慢冲泡的咖啡上加入大量甜奶油。

材料和制作方法

13g咖啡粉里加180ml热水，慢慢地萃取。50ml的生奶油加入1小勺砂糖打泡后盛放在咖啡上，再撒上肉桂粉。因为生奶油加入咖啡里就会融化，所以还是起一层厚厚的奶泡为好。

水果咖啡

只要在浅焙咖啡里加入喜欢的水果和糖浆就行。制作要点是简单地冲泡和不要控制甜度。

材料和制作方法

切碎的水果和糖浆放入冰咖啡里充分地搅拌就行。我通常使用浅烘焙的冰咖啡。这是将20g的咖啡粉用220ml的热水冲泡萃取，加入2大勺糖浆，然后用冰块冷却而来的。最近喜欢阿加贝糖浆。

咖啡配餐的食谱

冲泡了美味的咖啡，就想一起品尝点咖啡配餐。我在家经常做的菜谱都是咖啡时光很受欢迎的配角。

Recipe **01**

次日的咖喱热三明治

做好的咖喱多用于第二天制作热三明治。重点是要留好肉和蔬菜。因为我家喜欢做肉，所以考虑着次日的配餐需要就会就多加点肉。根据芝士不同三明治的味道会变化，所以尝试各种组合会很有意思。

材料

面包	2片
剩下的咖喱	适量
喜欢的芝士	适量

（我经常使用融化的芝士和切达芝士）

制作方法

1. 将咖喱的配料取出放到小锅里，轻轻地炒到没水为止，冷却下来。（如果加了马铃薯，比较容易黏稠）
2. 在面包里夹入大量的咖喱配料和芝士。
3. 用热三明治机烤。

   ※没有热三明治机的时候，切掉面包皮，用叉子将面包边缘合上放入烤箱烤就行。

南瓜汤

在旅游地很疲劳的时候喝到的南瓜汤很美味，令人难忘。所以我在家也经常做。重点是汤里加了藜麦，所以口感很好。虽然制作很简单但加了藜麦，连汤也能够让人很满足。

材料

黄油	10g
洋葱	1/2个
南瓜	1/4个
藜麦	两大勺
盐、胡椒	都适量
高汤颗粒	2小勺
牛奶（或者生奶油）	100ml
香菜（切成末）	适量
橄榄油	适量
生奶油（有的话）	适量

制作方法

1 在锅里将黄油融化，翻炒薄切的洋葱，撒入盐和胡椒。

2 把洋葱炒蔫之后，加入切成一口大的南瓜块。同时加入少量的水，能浸没食物的样子。

3 加入高汤，咕嘟咕嘟地炖。

4 南瓜变软之后，用搅拌机等碾碎。

5 加入藜麦，用微火炖10分钟左右。

6 加入牛奶，用盐调整味道。

7 盛入碗里，撒一些香菜，滴一些橄榄油和生奶油（若有的话）。

Recipe **03**

我家的热狗

妈妈味的热狗。因为实在太简单，作为菜谱来介绍觉得有点不好意
思。但在我心中，说起热狗就是这个味道。一点都不时髦，但味道
很不错。加了很多卷心菜，所以也经常给女儿们做。

材料

法国小面包	一根
香肠	一根
卷心菜	适量
番茄酱	适量
蛋黄酱	适量

制作方法

1 将卷心菜切成细丝然后炖煮。

2 香肠用小火烤。

3 将法国小面包开个切口，涂上番茄酱（迅速画线左右的量）。

4 夹入大量沥干水分的卷心菜，放上香肠。

5 淋上很多蛋黄酱。

6 放在烤箱里烤到脆脆的程度。

Recipe **04**

法国吐司

吃法国吐司，是被家人们要求的。在尝试各种做法之后，我家的做法是不要让鸡蛋液变甜，直接撒上砂糖之后烤到脆脆的。根据喜好可以加入大量的枫糖浆。

材料

鸡蛋	1个
牛奶	100ml
喜欢的面包	1~2片
黄油	10g
喜欢的砂糖	适量
枫糖浆（根据喜好）	适量

制作方法

1 充分搅拌鸡蛋和牛奶，然后把面包浸泡15分钟左右。

2 在平底锅上抹上5g黄油，用小火到中火烤面包。

3 一面烤得差不多了，就上下翻烤一下。加入剩余的黄油继续烤。
　※要点是要连内部也烧热。

4 最后撒上砂糖，用小火烤到砂糖融化为止。
　※放在盘子上，稍微过一段时间，砂糖变得嘎吱嘎吱脆是最理想的。

5 根据喜好淋上枫糖浆。

Recipe **05**

无花果和生火腿

我喜欢大的生火腿。成人之后，我感到水果和生火腿搭配很好吃。
虽然吃了各种各样的水果，但特别喜欢生火腿和无花果的组合，到
了无花果的季节，我是一定要吃的。

材料

无花果	1个
砂糖	1茶勺
生火腿（哈蒙赛拉诺）	适量
喜欢的面包（长棍面包等）	适量

制作方法

1 无花果轻轻涂满砂糖，用烤箱烤5~10分钟。

　※没有加糖也甜甜的无花果。

　※因为会出水分，所以敷上铝箔。

　※烤10分钟左右，变成黏糊糊的。但可以根据自己的喜好加减烤
　　的时间（我喜欢小火烤5分钟）。

2 把面包、生火腿、无花果盛到碗里。

3 用叉子碾碎无花果放在面包上，伴着生火腿一起吃。

Recipe **06**

酥脆生培根和蓝莓干奶酪的三明治

薄切的生培根可以在附近的店里买到。买到生培根之后一定想要做看看。我喜欢蓝莓干奶酪，但比较酸，所以推荐面包还是硬一点好。我经常选用角形面包做。也可以作为下酒菜。

材料

生培根	3片
蓝莓干奶酪	适量
面包	2片

制作方法

1 生培根在平底锅里烤得脆脆的。（小火）

2 向烤面包机烤好的面包里夹入蓝莓干奶酪和生培根。

我经常购买的蓝干酪是丹麦蓝纹干酪。味道没有很强烈，经济实惠，又易于购买。

Recipe **07**

巧克力树莓吐司

只要放上巧克力烤就能做出最好吃的吐司。配上蓝莓系的果酱
作为点缀，非常好吃。市场上的果酱自不必说，搭配用冷冻混
合莓类做的控糖果酱也很多。推荐不太甜的果酱。

材料

面包	1片
喜欢的巧克力	适量
蓝莓系的果酱	适量

制作方法

1 用手将巧克力掰开放在面包上。
2 用烤箱烤到巧克力融化的程度，让巧克力融化到整个面包片上。
3 蘸着果酱吃。

Recipe **08**

甜瓜香草

小时候，我就很喜欢甜瓜味的冰棍，现在也受这个影响很喜欢甜瓜味的牛奶。成为大人之后，虽然稍微有点奢侈，我还是会将甜瓜和香草冰激凌用搅拌机混合起来吃。甜的瓜自然不用说，不是很甜的瓜也很好吃。

材料

甜瓜	1/4个（150~200g）
香草冰激凌	1~2大勺（30~50g）

※可以根据甜瓜的甜度，调整冰的量

制作方法

1 作为配料用，用勺子将甜瓜的中心部分挖空。
2 将剩下的甜瓜从离皮很近的地方切下，和冰一起用搅拌机搅拌。
　※感觉水分不足的时候可以添加牛奶。
3 将搅拌的液体倒入玻璃杯中，放上挖下来的甜瓜和冰激凌。

第五章 *Chapter.5*
室内装饰、收纳和
生活的爱用品

享用咖啡的空间

我平时从事的工作，是在博客上写咖啡相关的文章。算上俩女儿，一共有四个家庭成员，一起悠闲地生活着。我总是一边喝着咖啡，一边慢悠悠地干着事。起居室的桌子和沙发是我最喜欢和憧憬的家具。

在"想要在这里喝咖啡"的冲动下，我买了这张咖啡桌。虽然是中古产品，比较旧，但是想边修边珍惜地使用。

总是坐在这个沙发上，懒散地看看电视打打游戏。重新布置了之后，把沙发放在了电视的正对面。

这个架子用来进家门后放置包包，也可以用来放置周末洗好后周一要带走的体操服。总之，什么都能放置。

沙发和桌子是同一个设计师，由汉斯·韦格纳设计的东西，在二手的家具店购入。想到年幼的女儿们可能会经常洒掉东西在沙发上，所以沙发套上了人工皮革的套子。

我总是在起居室进行拍摄工作，这儿是我的工作场所。很大的书架上放着家人们爱看的书。当然咖啡书也放在上面。

将饮品的存货、小的摄影道具、不用的咖啡器具放在楼梯下的收纳盒里。

这是厨房和起居室之间的饭厅。这个桌子下面的桌面可以抽出来，这样桌子就变大了。桌椅都是中古的。

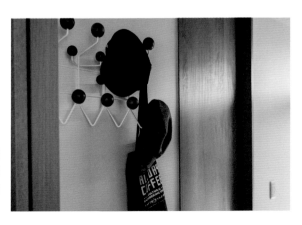

玄关只有袜子的收纳，所以这是为了挂帽子和小包设计的。现在感觉还用得不顺手。

应该做成榻榻米房间的空间，就这样成了起居室的延续。虽然摆放了女儿们学习用的桌子，但结果却是我用得最多。

里面的墙壁是一面书架。最近，刚刚整理了不看的书。另外还有很多想要看的书。

把iPad等的充电产品放在桌子下面的摆放区域。这样就看不到无用的电线，桌子上散乱的电线问题也告一段落了。

因为漫画我都是买电子书，所以这里基本都是杂志和老公的商务书。喜欢的料理书没有电子版的话，就会把纸质书买回来。

这是最近做好的阳台放松空间。家具都是宜家的。想要懒散会儿的话，能宽松地躺下的椅子是必要条件。

喝咖啡是自不必说的，还能一边日光浴，一边悠闲地看着外面的景色。这里是治愈我的空间。

在半露天的阳台上喝咖啡，感觉换了种心情，口味也变化了。

展开来的桌子，可以用来吃晚饭。想要转换下心情的时候，家人们就在这里吃饭，畅快地聊天。

因为尾气和PM2.5很严重，所以还是下定决心在阳台上装了窗户。这样一来，下雨也飘不进来，而且感觉还增加了一间房间。真是不错。

地板也是选用了木片铺起来，这样可以赤脚走到阳台上去。植物的话想要之后一点点添加。

工具和器皿的收藏方法

咖啡工具，形状和尺寸都是各
种各样的，所以收纳也很难。因为想
要拿取方便点，所以只能并排摆放。
至少要选择颜色比较沉稳的物品，摆
放好喜欢的工具，仅做这些就让人很
幸福。

放在柜台上的物品基本上是固定的。但是根据时不时购入的
物品，定期会调整一下位置。

研磨机很占地方，同时研磨的咖啡粉也会散落。选择一处方
便打扫的地方，作为固定的位置来使用，这样比较好。

在做料理以外的空间，想放些自己喜欢的东西。结果还是塞满了咖啡相关的东西。

因为喜欢玻璃制品，自然会增添一些，所以整体的数量有些多。但是即使并排摆放杯子，也不会感到很散乱，这样真是不错。

杯垫和茶垫、餐具垫巾放在浅一些的收纳篮里，这样取放容易些。

最下面作为大号收纳，空间是很充足的。如果不这样的话，就很容易凌乱。

亚麻类的东西随便地收纳在篮子里。左边的篮子里收纳了很多杂物。如果用布盖上的话，就看不到里面乱糟糟了。

收纳都是不断摸索的。如果放得乱七八糟了，就思考不同的收纳方法再做尝试。一点点地收拾安顿好厨房。

上/架子上面是投壶和刷子。这个组合很是可爱。中/经常使用的搅拌棒和刷子尽可能取放方便，又容易藏起来，为此就把他们立着摆放在容易看到的地方。下/大的剪裁板立着摆放在竖向的空间里。

这是在ikea家买的篮子。我把面包、麦片和水果等放在里面。

生活爱用品

在日常生活中，无意间得到喜欢的工具的瞬间，总让我沉浸在难以言喻的幸福中。看来我还是喜欢工具的。

餐具

守田咏美的甜点勺和叉子，既喜欢它们使用起来很可爱的感觉，也很喜欢这微妙的设计。使用便捷是我喜欢它们的理由。

喜欢店的果酱

虽然我不喜欢果酱，但遇到了好吃的也会很喜欢。这三种真的很好吃。从左到右分别是，sui.、SUNDAY、DEAN & DELUCA。

STAUB珐琅铸铁锅

虽然有压力锅，但有时间的话，炖煮料理都是使用这个锅。刚刚好的尺寸，使用起来也感觉很方便。是平时做料理不可缺少的。

象牙盘

象牙的话无论和什么东西都很容易搭配，所以犹豫之后还是都买了。尤其是田中直纯的盘子，大小非常适中，使用的也最多。

广松木工SANO纸巾盒

意外地醒目，这是成为室内装饰的纸巾盒。我们家全部都用这个。我使用的是土灰色，不过它的颜色种类丰富又结实。

这些是每天生活中要用的东西，每一件我都很认真地挑选，也很想爱惜地使用。

富冈干洗的洗剂

每当洗衣服的时候，可以除去附着在衣物上的洗剂等残留物。罐子很可爱我就买了，使用后的效果也很好，所以一直都在使用它。

拖线板 monos PLUGO

因为摄影用到拖线板的机会很多，长度能够够到的就只有这个。卷起来好收纳，能被钩子挂住。可爱的设计也是让人喜欢的理由之一。

护手霜和美甲油

令人高兴的是经常听到手的护理方法。如果干燥的话，在睡之前涂上伊索寓言的护手霜，指甲的护理推荐使用OPI的指甲油。每次要量涂得多一些哦。

黄油刀和果酱勺

让·杜博的拉吉奥尔的黄油刀和果酱勺，是家人们一直都在使用的经典餐具。刀可以很轻松地把黄油切成块，所以出场的机会很多。

D & DEPARTMENT的鞋箱

虽然是鞋箱，但是什么都能装。可以选择尺寸，稍微放点小件物品进去重叠摆放。外观可爱也能收纳，是很好的宝贝。

后记

如果问到现在为止觉得最辛苦的是什么，我会直接回答"育儿"。我以前是想到了就行动，只做喜欢的事的类型。因为喜欢漫画、游戏和动画片，所以一整天看着电脑工作也不觉得辛苦。最喜欢一个人在房间里独处。

女儿出生后，没有自由的感觉如此难受，这是我未曾想到的。同时，我还感受到要承担起不可推卸的责任。这些让我感到害怕。每天都想着孩子们快点长大。

能治愈那样的我，一定是咖啡了。对我来说，最重要的是喘口气休息下，而不是咖啡的味道。短暂的喘口气歇息，是一天的期待，是习惯，是生活的一部分，是现在不可缺少的事。明明喘口气歇息一下是目的，但还是很珍视咖啡的味道、香味和咖啡的空间。期待喝咖啡，也期待冲泡咖啡。

现在女儿们慢慢长大，可爱得不得了。我有时会祈祷她们不要再继续长大。

我平时尝试过很多咖啡工具，虽然都进行了介绍，但还是希望喜欢的东西能一直长久地使用下去。对于因为咖啡的器具开始喜欢上咖啡的我，果然还是非常喜欢咖啡器具的。无论是最新的东西，还是老旧的东西，无论父母使用过的东西，还是从别人的地方拿来的东西，即使有欠缺、即使不好用，只要自己喜欢就好。无论是浅焙还是深焙，即便不是特色咖啡，哪怕是速溶咖啡，喜欢的依然还是喜欢。

这本书里装满了我和咖啡的生活。在向往通向最好的咖啡生活的路上，如果这本书能起到一点作用，我将感到非常欣慰。

关于我的咖啡生活能变成一本书，简直像做梦一样。我想要再次感谢治愈我、给我期待、偶尔也给我元气的咖啡，感谢总在YouTube和SNS上关注支持我的大家，感谢总是支持我的家人们。

商品信息

minä perhonen
https://www.mina-perhonen.jp/

COFFEE COUNTY
https://coffeecounty.cc/

伊塔拉（特别订购/scope）
https://www.scope.ne.jp/

Cores（oishi & associates）
https://cores.coffee/

WPB
www.wpb.co.jp

Shell House
https://www.instagram.com/shell_house1025
※ 销售店铺：SUNDAY/mano cafe（http://manocafe-yore.com/）

everyday（day & day's）
https://www.day-days.com/

Kalita（卡里塔）
https://www.kalita.co.jp/

HARIO
https://www.hario.com/

蓝瓶咖啡
https://store.bluebottlecoffee.jp/

ANAheim（DETAIL INC.）
http://detail.co.jp/brand/anaheim/

咖啡考具（下村企贩）
https://www.rakuten.ne.jp/gold/simomura-kihan/coffee.html

TORCH
https://dodrip.net/

COMANDANTE（邦坦咖啡）
https://www.bontaincoffee.com/

1ZPRESSO（逻辑）
https://plusmotion.jp/

BARATZA（蓝色马提克日本）
https://www.brewmatic.co.jp/

卡夫拉诺
https://www.cafflano.jp/

TIMEMORE（品牌咖啡）
https://0141coffee.jp/

Brewista
https://brewista.jp/

FELLOW（Kurasu）
https://jp.kurasu.kyoto/

月兔印
https://livingnavi.com/

SteepShot（星川咖啡店 /HSKWKF）
https://hoshikawacafe.com/

法压壶（博达姆日本）
https://www.bodum.com/jp/ja/

AeroPress®（小川珈琲）
https://oc-m.jp/aeropress

ALESSI
https://alessijp.com/

Flair Espresso Japan
https://flairespresso.jp/

ROK Coffee
https://www.rokcoffee.jp/

BIALETTI（StrixDesign Inc.)
Bialetti.jp

Nano Foamer Japan
https://subminimal.tokyo/

BRRREWER（列表）
https://essense-coffee.jp-official.com/

oceanrich（独特）
https://item.rakuten.co.jp/uniqdirect/oceanrich_plus/

sosogu_
instagram @taka_az
※ 请直接邮件咨询

特兰吉亚（伊瓦塔尼·普里姆斯）
https://www.iwatani-primus.co.jp/

RIVERS（斯坦斯普）
http://www.rivers.co.jp/

COFFEE UNIDOS
http://tanacafe.jp/

PostCoffee
https://postcoffee.co/

FILTER SUPPLY
https://hifiltersupply.stores.jp/

suzunari coffee
https://shop.suzunaricoffee.com/

豆香洞咖啡
https://tokado-coffee.shop-pro.jp/

COFFEE & CAKE STAND LULU
https://www.instagram.com/cacs_lulu/

雀巢
https://nestle.jp/Starbucksathome/products/mixes/

高村咖啡烘焙
https://takamuranet.com/

DEAN & DELUCA
https://www.deandeluca.co.jp/

HIGHLANDS COFFEE（越南咖啡）
https://highlandscoffee.jp/

KEY COFFEE 网购俱乐部
https://www.key-eshop.com/

KINTO
https://kinto.co.jp/

CB 日本
www.cb-j.com

sui. 器皿和生活的东西
sui.info

SUNDAY
https://www.instagram.com/hiroko_sunday/

珐宝（双立人日本）
https://www.staub-online.com/jp/ja/home.html

広松木工
http://shop.hiromatsu.org/

富岗干洗（快乐树）
http://www.tomioka-group.co.jp/

monos
http://www.monos-onlineshop.jp/

拉吉奥尔（让·杜博公司 / 扎卡）
http://www.zakkaworks.com/jeandubost/

D & DEPARTMENT
https://www.d-department.com/

KIRISHIMA BEER
https://www.kirishima.co.jp/brand/beer/

CAFICT コーヒーと暮らす。

© Mariko Kubota 2021

Originally published in Japan by Shufunotomo Co., Ltd

Translation rights arranged with Shufunotomo Co., Ltd.

Through Shanghai To-Asia Culture Co., Ltd.

北京市版权局著作权合同登记　图字：01-2022-3126 号。

图书在版编目（CIP）数据

我的咖啡生活/（日）久保田真梨子著；沈芊含译. —北京：
机械工业出版社，2023.6

ISBN 978-7-111-73012-5

Ⅰ. ①我… Ⅱ. ①久… ②沈… Ⅲ. ①咖啡 – 基本知识
Ⅳ. ①TS971.23

中国国家版本馆CIP数据核字（2023）第067105号

机械工业出版社（北京市百万庄大街22号　邮政编码100037）
策划编辑：仇俊霞　　　　　责任编辑：仇俊霞
责任校对：龚思文　李　婷　责任印制：单爱军
北京联兴盛业印刷股份有限公司印刷
2023年7月第1版第1次印刷
182mm×245mm · 8印张 · 2插页 · 89千字
标准书号：ISBN 978-7-111-73012-5
定价：59.80元

电话服务　　　　　　　　网络服务
客服电话：010-88361066　机 工 官 网：www.cmpbook.com
　　　　　010-88379833　机 工 官 博：weibo. com/cmp1952
　　　　　010-68326294　金 书 网：www.golden-book.com
封底无防伪标均为盗版　　机工教育服务网：www.cmpedu.com